设计师的秘密1

时尚搭配的48个细节

——日本人气时尚造型师教你百变穿搭

（日）岡部久仁子 著
李鹏 译

東華大學出版社·上海

前言

50年的时间，我看了很多衣服，穿过很多衣服，直至今天给很多女性做形象设计。

一边在流行中洗礼，一边通过各种媒体讨论有关流行和时髦。

穿衣注意细节又时髦的人，和并非如此的人，区别在哪里呢……

我想看一个人的外部形象设计就一目了然吧！

在这里我将时髦流行中有差距的48个细节、秘诀奉献给大家。

相同年龄、相同身高，即使穿相同的服装，由于每人所拥有的气场和举止不同，给人的感觉会完全不同。

服装不仅仅是单纯的穿着、如果没有用心穿搭，就不会显现漂亮优雅的气质。

这本书，交织着我的喜好、独断和偏见，我想如果仅有1%的内容能传达给大家的话，我就很开心。

随着年龄的增长请把自己打扮得时髦漂亮。
愿享受着拥有自我个性时髦的女性在不断增加。

本书中照片使用的服装等提供请参照书末。
很多都是我多年喜欢的私人物品，请参考。

目录

Story 1 服装

Story 2 颜色和面料

Story 3 鞋

专栏

Story 1

服装

伴我度过美丽 365 天的所有服装

成人的女性生活方式千差万别。
在家庭和工作、爱好兴趣等生活方面，都需要一些必需的服装。
如果在外面的场合多的话，就要选择穿着漂亮得体的衣服。
如果在家里时间多的话，则选择舒适漂亮的家居服比较好。
选择适合自己的生活方式，用心度过漂亮每一天。
不断地积累，磨砺独特的自我。

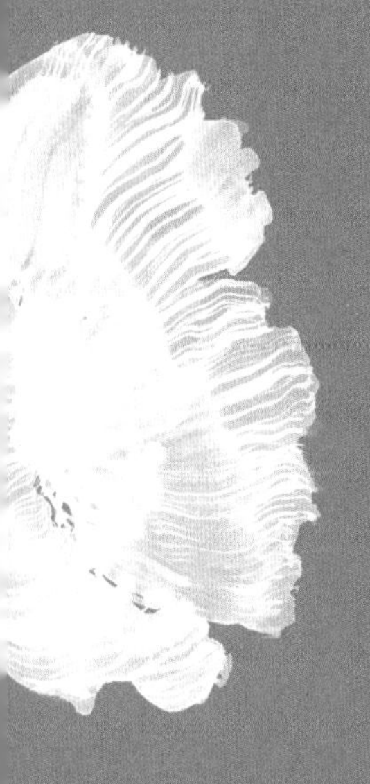

No.1 _衬衫 只是一件白衬衫

如果为穿什么而烦恼，选择毫不特别的白衬衫吧

虽然长大成人了，但对白衬衫喜爱有加，是我的推崇！

因工作性质而喜欢，又想进一步了解而尝试了不同风格的白衬衫。自称喜欢白色衬衫，衣橱里有10件左右的白衬衫，「随时待命」。夏天有麻质面料的舒适感，冬天稍稍起毛的棉有温暖之感。另外还有，质量上乘的棉，衣领稍小，身部稍稍宽松，容易穿着。

如果是棉质衬衫，领子稍稍立起，打开二三粒扣子，向两边分开。很随意舒服的感觉。袖口卷折一次，拉到肘部。像纱布一样柔软的棉，让其随意下垂，袖子控制在肘部之下，有自由随意穿着之感。

与脚面长裙或是紧身裙穿搭时，可以把衬衫拉到腰部在中间打结。使上半身变小来保持全身的平衡和谐。

每天研究如何穿着喜欢的服装，是非常必要的。

No.2_夹克衫　令人愉快的夹克

有女人味，温柔，又有干劲儿的夹克衫

并不能根据生活方式的不同，很明确地用「穿」还是「不穿」来划分穿衣要素的吧。夹克衫我平时没有机会穿，但是作为演讲师等在人前露脸交流的时候，会很自然地穿。为什么说要穿夹克衫呢，穿上夹克衫，会让背部伸展更显干练，而整个人看上去很有精神和干劲。

最近有多种面料的夹克衫上市，手感舒服。这件黄绿色的就是我淘到的喜欢的夹克衫之一。

像短风衣一样的裁剪造型，打开袖口的扣子外翻，内穿的衬衫也能随意地折起翻出，GOOD!

黄绿色、藏青色等暗色系的夹克衫可以轮换穿着，但是一不小心就会有男装倾向。比起一本正经的穿着，倒不如随意的混搭，这是窍门。一定要用白衬衫和毛衫来相衬来打造明亮的效果，用小饰物来演绎个性。这是穿男性服装的重要准则。

No.3_恰当的剪裁 遮住你的体型

让我们尝试时髦的上衣

有时候会像讴歌青春的人那样，向往自己曾经的过去。素颜和白衬衫的和谐，是以前事。我们并不是为了穿和以前同样的服装而奋斗，而是要不断变化更新。当下，时尚是最重要的。

穿一件白色衬衫的人，如今要寻找「穿得很漂亮的上衣」。为此，非常清楚了解自己胸围、两个手臂的粗细、肚子（胖瘦）情况等，是非常重要的。虽然感到体型一无是处，但却意外邂逅年轻的照片。

照片的上衣，衣服的皱折有效地遮挡手臂的同时，强调了颈部和胸前的部分。华丽的设计，遮盖了体型，因为是宽松型，完全可以不在乎周围人的目光，很多喜欢的人都会明白。但是如果是毫无紧致感的体型就会显得松松垮垮，穿这一款要当心哦！

No.4_简洁的裤子　新的时尚裤子

如果喜欢裤子，就挑战一下当下流行的瘦腿裤

休闲风的今天，裤子派的女性增加了。不管怎么说，穿着裤子活动还是比较方便的。只是，一条裤子穿10年以上的女性增加了。

拥有自己的风格虽然重要，裤子的裁剪在不断地变化。无论上衣多么时尚，如果下装陈旧的话，整体是失败的。如果说「喜欢裤子」的话，就要购买新的，时尚是需要更新的。

在成人阶段请您一定要尝试裤装。

像照片中的这种便裤，腰部宽松向足部收紧变窄的锥形裁剪，到脚裸的9分长恰到好处。和大背心穿搭显女人味；把裤子塞进短靴里的话，有男性化的打扮。黏稠感的乔赛布料有适度的光泽感，极其适合成人装扮。

脚裸处比较胖的朋友可以试着选择小尖头皮鞋。给人瘦长之感。

只能露出20%～30%的（皮肤）脚面长裙是今年夏天的救世主

能否展示成人的时尚，我想可以根据肌肤的露出程度来决定。拥有美腿和漂亮双臂的朋友也许想晒晒，但是忍住这种欲望很重要。（皮肤）只能露出20%～30%。请成人女性谨记。

每年酷暑的盛夏，对我来说，最方便地就是脚面长裙。即使穿无袖上衣，因腿部被遮住，因此无需担心因露出过多而破坏平衡。裙中可以不穿袜子，所以非常凉快。

还有一个优点就是，遮盖下半身。说到时尚，松垮是大忌，对于像我这样对下半身（身材）烦恼的人来说，脚面长裙简直就是救世主。胖胖的屁股和粗粗的腿很难遮挡，扁扁的浅口鞋或运动鞋是极好的搭配。另外，如果平时不穿浅口鞋和运动鞋的朋友，在试穿这款长裙时，试穿下浅口鞋和运动鞋是个极好的机会。小个子的朋友，可以与稍短的上衣穿搭就足以漂亮。虽说裙子遮住了腿，但是绝对不可以吊儿郎当地走路。无论何时，都请迈开膝盖，用大腿有力而精神抖擞地走路。

No.6_ 针织衫 找到适合你的尺寸

选错了毛衫的尺寸，一生都看不到有个性的自己

选上衣的时候，大家是这样选的吗？「总是M，这次也选M吧」。实际上，成人后，有的地方肌肤会比较松弛，有的地方会瘦。和标准体型一样的人，几乎是没有的。而且由于生产厂家不同，尺寸表所标示的尺寸有时也不同。因此，如果喜欢的款式没有M号了，L、S最好也试试。

最好的例子就是针织衫。由于编织方法和线的粗细不同，针织衫看上去大20%。把这个计算进去，找到后穿上去，看看肩、胸部直到衣襟的设计，是否都非常合身。

如果不清楚适合的尺寸，从S到L所有的都试试吧。或者换一个角度，男性尺寸（号码）可能更适合，使人更显性感。想着「就是它！」，找到了尺寸感就找着购买的感觉了。时尚的篇幅就此拉开了。

No.7_牛仔裤 男友的牛仔裤

男式牛仔裤也不错
卷起差不多2至3折

「宅模特」，对于注重外形的我来说，牛仔裤是适合腿长的人穿的。我大腿粗短所以不敢奢望。美式便服对我来说是不能实现的梦。不管如何流行，我只能视而不见。

男式牛仔裤的流行，使它常常在摄影师的镜头里出现，这种裁剪的话也许能穿！

如此想着，把裤脚随意皱皱地卷起，露出唯一瘦瘦的脚踝，如果穿上高跟鞋，完美！

还有，（裤子）用绝妙的水洗方法，让大腿看上去很瘦。RED CARD的男性牛仔裤，谢谢你！从此成了我的伙伴。

当然，苦恼于下身不优美的朋友各有不同。大量试穿，请寻找适合你的伙伴。

卷裤脚的原则是：薄面料的牛仔裤卷3次，厚面料的卷2次！

如果上卷过多，才能看到脚踝的朋友，可以适当剪短裤腿长度后再穿。

No.8_罩衫　优雅的衣服

优雅不足是因罩衫的款型不足

有时我会思考elegant高雅的含义。我每次去巴黎都会坐在咖啡店里远远地看着那些女士们，在想「为什么会如此出色，漂亮啊！」

elegant的含义用一句话是表达不清的，但是包含高雅，优雅、堂堂正正的品格。我想这不是与生俱来的，而是后天在各种体验积累中孕育而成的。

这件罩衫是Filo di Seta品牌作为经典款持续生产的。透明感和光泽度兼而有之，使其拥有奢华魅力，我每年购买一种颜色。有衬衫所不具备的魅力，每次穿着和朋友去晚宴，都会被赞誉「太完美了！」

这件罩衫，会让年轻人少些优雅感，适合成年人穿着。

随着年龄的增长，不能穿的衣服虽然很多，但是能穿出亮点的衣服也有很多了。积极地尝试挑战吧！

No.9_单件　简单白色单件

连衣裙也能穿出不同效果

连衣裙单件穿着感觉就很有款型。在季节交替之际穿，非常方便。但是「容易形成式样雷同的效果」。如果买连衣裙，我们就选一件「能穿出不同效果」的连衣裙吧。和手边所有衣服穿搭出

不同效果，穿着式样会不断扩大。

选择要点是：款式简洁、收腰的款式，不是蝙蝠袖的设计，是盛夏季节之外穿的连衣裙，面料不用过厚，长度大约在膝盖之下。如果衣领开口大的话，比较适合在能内穿衣服、外穿对襟针织衫和夹克衫的季节穿，如果有喜欢的裁剪款式，一定要不同颜色的集中购买。

No.10_紧身裙　紧身裙＋长靴

外形裁剪恰当的紧身裙季节感十足

从前流行过的现在又流行了，时尚总是周而复始的。但是，绝对不可以只是一味的等待——把20年前的服装翻出来穿。从前的就是从前的。不能陷入时代回归的时尚误区。判断被自己接受的流行是否是流行，只要看那个人的穿着就知道了。「如果是我的话我也会穿」这样想，找到了要点，也就找到了流行。

这几年，裙子的裁剪造型有了很大变化。特别是，2014年春开始的裙子以「膝盖下」为主流，应备齐与年龄相称的能被大家接受的半身裙。很早以前的性感「紧身裙」如今重登舞台。和以前的紧身裙完全不同的是，变成了和以往完全不同的休闲风。乔赛布料的直筒裙，腰部是松紧带的，不输给任何人的穿搭。

只穿裤子的朋友也可以尝试下裙子。搭配长靴，并不会过分突出裙的造型，有时尚感。

No. 11

虽是简洁针织衫却穿出不一样的「内穿」效果

这本书反复执着地向大家表达「白色」的效果，对于从现在开始迎接时尚的朋友来说，最重要的秘诀就是「白色」。把它贴在打开的衣橱门上谨记吧。

无修饰的套头针织衫，年轻的时候穿上会气势无比，这是因为是年轻人穿的。上了年纪选择平领无修饰的基础色调，仅穿一件毛衫显然不漂亮。照片上的白色内穿部分若隐若现。在衣领、袖口、前襟处，仅仅能看见几厘米的白色，竟然是如此不同。在此足以显示搭配的力量。

想自己可能是个寻物狂，花费大量时间，发现了绝妙的「内穿」效果吧。内衣蕾丝的镶边是不可以露出来的。让人看见就好像看见内衣一样，完全的大妈风格，毫无时尚感。简洁的服装「该如何穿着」是时尚的另一分支。

No.12_高领毛衣 舒适的毛衣

即使双下巴也能漂亮地穿出成人「高领」的选择方法

高领作为超级基础元素，喜欢它的女性朋友很多。

我也是「高领命」，经常穿。可是，进入40岁，总觉得「哪里不太适合了」。这是必然的吧，黑色戛然而止的脖子上，是歪曲轮廓的下巴，衰老的样子。脸被强调，看上去很大，都是不可否认的事实。

虽说如此，但是如果没有高领会很奇怪，毫无魅力而言……

就这样变得不再穿的高领毛衫，但2014年毛衫潮，无论哪里的店铺都摆着网格毛衫。在其中发现了这件高领毛衫，是最讨厌的低领和喜欢的高领中间的设计。毛衫和脖子中间若即若离的距离，还有穿在身上的感觉有舒适感。脖子长的人，里面可以穿一件衬衫会更显优雅。

罗纹编织的合身高领毛衫，并不像从前的基础装。毛衫也在不断进化，让我们试着寻找有味道的高领毛衫吧。

No.13_外套　时尚的束腰外衣

外套的腰带不可缺少

看到穿着风衣昂首阔步的人，我都会感觉到好漂亮啊。风衣一直有好人气啊。

不仅有短风衣，还有带有腰带的风衣，腰带打结是最基本的穿衣规则。

可是，经常会在路上或电车里看到另一番光景：明明风衣带有腰带，却拿掉腰带。实在不敢恭维！

空空的腰带孔啪嗒啪嗒地张着嘴巴非常显眼。即使是春秋穿的薄风衣，如果在设计上有腰带，那么请把腰带一定系上吧。如果不在衣服前面打结的话，腰带的两端或放在口袋里，或在身后打结都OK。拿掉腰带，腰围就会变得肥大而痛苦不堪吧？要注意外表是成人的时尚，不拿掉腰带就是其中之一。如果非常讨厌腰带的话，选择西装式长大衣或是宽松裁剪的风衣。请选择没有腰带的风衣。

No.14_外衣　外套与裙子

最在意外套和裙长的和谐

喜欢风衣的朋友，在春秋季都会穿吧。但是，一到冬天的话，大衣是大多数人的必备，因为大衣是服装最外面最显眼的存在。开车的朋友姑且不谈，坐电车公交车上班的朋友，出门的时候最在意的就是大衣和下装的长度关系。

如果下穿裤子的话，短、中、长，什么样的长度才和大衣比较搭呢？裙子也有同样的烦恼。裙撑和大衣的长度平衡很大程度影响着穿衣搭配的效果。比如，今年流行长及腿肚中间的喇叭裙。

这种情况，当然是长度稍短的大衣看上去比较协调吧。（露出的）腿长必然看上去效果好。但是，冬天很冷。比裙摆还长的大衣过于长的话，会显得松松垮垮，有过时的感觉。

理想的是，裙子不是比大衣长一点点，而是比大衣长10cm。如果检查手边的大衣，那么也许是重新审视冬天的下装的机会吧。

Story 2

颜色和面料

巧用心思加入成人队伍

虽然日常便于穿着的绝大多数是简洁的服装，
但是大多数会很快让自己和周围人感到厌倦。
另外，随着年龄的增长，至今为止适合的颜色、面料、花色，
有时会变得不再适合吧。
正是如此，还是让我们试着变换时尚的信号吧。
挑战新面料、新颜色、新花色的朋友一定会变得漂亮。
但是，穿搭成功与否，取决于色彩、面料的搭配，要善于灵活选择花色。
只能亲自试穿，用眼睛看。
执着地追求喜欢的，就会成为优雅的武器。

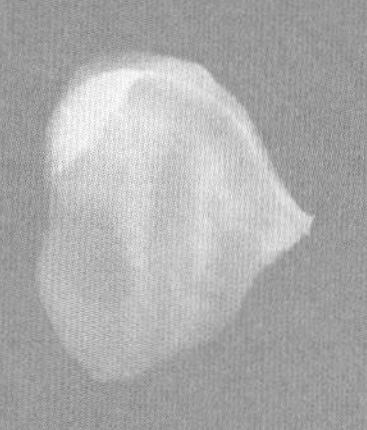

No.15_浅灰色 万能的颜色

新颜色更显苗条！成人毫不犹豫选择的「浅灰色」！

到底选哪个颜色？「首选黑色」的朋友一定很多吧。但是，很多人说，成人后就不再适合黑色了。随着年龄的增长，暗淡的肌肤上，仅仅用黑色也许会显得毫无生气。

灰色，是任何人都能放心穿着的颜色，比早些时候非常流行的浅驼色更容易被接受，浅灰色不仅接近于白色，还是成人时代强有力的伙伴。灰色特有的沉静感与白色相配，相互相成，令人感到震撼、靓丽，是万能的颜色，是与肌肤非常相称的颜色。

浅灰不仅能与其他基础色调和谐搭配，还能与不太好搭的颜色如三原色、流行色很和谐搭配，所以把浅灰加入下装颜色会发挥更大的效果。

女性随着年龄增长越来越适合靓丽的颜色，接受新颜色成为新伙伴的同时，请一定记住哦。

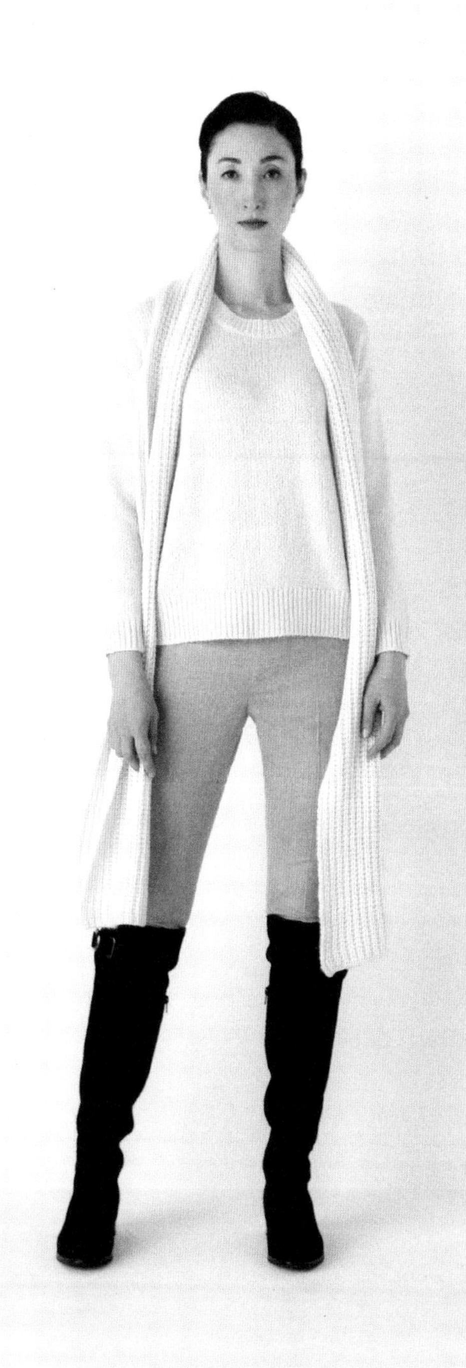

No.16 _ 白色　白色鞋

真正的流行，「白色」的力量不可缺少

无论多么小的流行元素，我都会向成人推荐「白色」。例如，这种英国绅士绑带鞋。很久之前大家都认为：包是黑色的，鞋子也要黑色的；包是茶色的，鞋子也要茶色的，貌似理所当然；白色的鞋子只有夏天穿才有感觉。如今，即使在冬天，白色也很漂亮。不要被旧观念、旧规则所束缚，享受时尚吧。

本书多次力荐的「白色」，无论用在哪儿都能轻而易举地发挥作用，让人看上去朝气蓬勃。特别是颜色、面料容易沉重的冬天，白色会给我们带来轻松之感。

就好比化妆，白色，就好像眼睛下面打高光一样的存在效果，衬着皮肤，就会看着漂亮。

「白色的鞋子，好像马上就会脏」，会这样想吧。的确会脏，但是，如果勤劳些，就会一直保持时尚哦。如果以不让污点明显为理由而把全身穿成黑或是茶色的话，确实就老态龙钟了。

No.17_红色 醒目的红色

让人感觉有干劲的时尚「红色」

平日以休闲系列为主，是不是总有这样的习惯，用「基础色调」吧！即使多么喜欢安静的氛围，但是由于穿搭不同，有时也会过于不痛不痒而变得朴素。

以下情况请一定尝试一下：用小饰物来加入色差！成人的款式，总会将人的视线集中在某一处，所以要一气呵成来提升时尚感。

如果让我推荐的话，绝对是「红色」。尝试所有的红色，是万能的存在。大红色的包，大红色的围巾，即使是大红的便鞋也ok。穿搭中仅仅加入些红色元素，服装就会很有生气。比起拿黑色的包，红色的更显生气和活力感。

照片上的包是「ADMJ」的品牌，是我喜欢的经典款。绝妙的色泽、不大不小的尺寸，还有皮的手感，非常和谐的风格，每周使用3次，非常方便。擦上保护膜，好像提高了颜色亮度，心情大好，请一定尝试。

No.18_纯粹　直接

皮肤越来越糟，却也可以美丽通透

随着年龄的增长，皮肤变得越来越差。特别是两只胳膊，不管多么瘦的人都渐渐变得圆滚滚的，完全暴露并不是什么好事。但是，完全遮挡就会失去魅力和可爱。在此种情况下，成为我们

伙伴的是透明面料。若隐若现的暧昧感，很适合成人女性的优美高雅。

透明元素的成败取决于内穿的吊带。防寒的内穿半袖服，带花边的吊带，毫无时尚感，绝对禁止。请只使用毫无修饰，简洁的女士吊带背心，成人的随意暴露是很难堪的。也可以使用有杯罩的吊带。

吊带的颜色不同，形象也会随之变化。比如，藏青色的吊带搭配白色透明上衣，透出的是休闲感。和上衣同色的吊带更会增加正式感。如果是肉色的吊带，就有好像里面什么都没有穿的性感效果。备齐黑、白、肉色3种颜色背心吧。

No.19_ 皮衣 闲雅的，美极了，有气质的女性

张弛有度的成人感，优雅的魅力是「皮衣」

皮衣的魅力是成熟感。即使全身穿搭的都是黑色，如果其中仅仅有一个皮革元素，就很有存在感。我经常说「成人只有棉、麻的穿搭是不可以的」，其理由就是，仅棉、麻是不足以体现成人时尚中的一张一弛。皮衣就有其力量，是成人感的聚宝盆。

与因流行而重新购买的服装不同，皮衣是自己能够驾驭，不断用心培育的面料。由于贵，年轻人无力购买。因为可以穿好多年，所以很多成人女性不想购买便宜货。

夹克衫也好，半身裙也好，裤子也好，只要遇到适合自己的皮衣款式，只要体型不变，可以一直穿。我一直大爱的单层缝制的皮衣外套，持续穿着有10年了。

No.20_米兰 诺罗纹

掩盖身体线条的缺点，「螺纹毛圈针织衫」

已有朋友将螺纹毛圈的针织衫作为贴身衣穿着，我一看到螺纹毛圈的连衣裙就忍不住想买。因为会有「这个的话，一定没问题」的想法。

螺纹毛圈有编织紧、无空隙的特点，没有一般针织衫的伸缩性和凹凸感。由于在意大利的米兰被制作，因此而得名。毛衫一般会显胖，螺纹毛圈衫不厚也不薄，恰到好处的张驰感，不会显示身体的赘肉！这一点很适合成人。螺纹毛圈面料，即使身材很丰满，也可以有很好的效果；即使连衣裙也可以像穿棉布一样有优美的线条。搭配的裤子和半身裙如果是紧身的话，身材看上去也不容易走形。

夹克衫虽然穿着随意，但却尽显正式之感。毛衫的话只能穿成休闲风，但是如果是螺纹毛圈衫的话，再戴上首饰，穿上漂亮的便鞋，晚上去聚餐完全OK。

最近就像流行男式夹克衫一样，螺纹毛线圈也将成为越来越受欢迎的面料，请朋友们关注哦。这是时尚伙伴的面料。

No.21_皮草 高贵光滑的皮草

高贵风格，上乘皮草光泽更显自我

皮草，虽然在年轻的时尚界也被使用，但很适合50岁以上的朋友穿着。皮草的排列具有光泽的层次感，还有皮草本身绽放的光泽，映射在脸上，更显华丽、明亮，这是最大的亮点。当然其抗寒性也很高。无袖连衣裙外穿毛草外套，当做小披风去西餐厅，一直憧憬着如此欧洲风情的夫人装扮。

虽说如此，没有必要为了一年或有或无的一次聚会而高价购买皮草服装。好不容易到了适合穿皮草的年龄，还是希望拥有平日也能穿的皮草。如今，百货商店也有多种不同变化的皮草小饰物，很方便入手。

照片是兔毛的围脖，也可以像围巾、披肩一样使用，看上去休闲、优雅，使用极其方便。虽然是黑色，却活用起到了反光板的效果，是皮草的神效。和皮衣一样，冬天的穿搭加入皮草元素，会增加成熟感。

No.22_ 条纹　条纹，条纹，条纹

中性清爽的「条纹」女性化穿着

大胆的竖条纹图案，强调袖子的长度，最适合成人女性穿着。

如果以华丽为理由穿着竖条纹，那还是穿无花色的吧。活用条纹穿搭才显优雅。照片是藏蓝色的竖条纹。比起纯白色衬衫，更趋中性化。要穿出帅气和女性的温柔，显示优雅，取决于穿衣方法。

正如衬衫章节所讲，认真穿着是最重要的。胸口的纽扣适当打开，袖子随意上卷打破正式感。

耳环、项链、手镯之类的首饰请不要吝惜，好好地戴上。化妆也一样，纯正的大红色口红是要点，要比平时更显女性化。

这样帅帅的整体搭配，丝毫不会令人生厌。请不要想着「穿的是青年男装，因为上了年纪」，而没有精心搭配，那就真成了大叔大妈装了。

No.23_图案　布边与圆点

如果抓住单一色调的变化「图案花色+图案花色」并不难

感慨图案和图案的搭配已经是很早以前的事了。早在50年前，都是「基础的色调·花纹图案·元素」，自己和他人都已厌倦。

并不是对谁都能推荐穿衣技巧的，而那些想改变平时造型，尝试和平时不一样穿搭的时候，请一定拿出手边的图案花纹，在镜前一试吧。甩掉羞涩，拉开时尚的帷幕。

必须谨记的是，不同图案花色要与相同颜色搭配。照片是熟悉的横条纹和圆点的搭配。其中的基本色调是穿在身上的黑色，把两种花色图案巧妙组合搭配，凝聚了时尚。也可以用披肩、帽子等小饰物来装饰，下装也可以有花色图案。

请先试试单一色调的图案花色的穿搭吧。

试着对比一下各种组合穿搭带来的不同效果。一定会对习以为常的穿搭有新的发现。

No.24_格子 冬天的感觉

品味格子的时髦

格子衬衫，貌似任何人都能随意穿搭，但是实际上要穿出时尚感，却很难。对休闲风来说，休闲裤和牛仔服相搭的话，就变成了登山风格，因为中性化元素，往往变成了大叔大妈型。

原本是休闲风元素，但是如果不加入时髦有品味的元素的话，会以失败告终。

选择要点是：格子的颜色、格子的大小、整体的裁剪，要避开多种颜色，选择稍微大的格子。肩宽、袖、身部是瘦身裁剪的话，就会穿出品位。不要穿夏天穿的格子衬衫，因其会有孩子气。推荐厚面料冬天穿着的（格子衬衫）。

不仅仅是衬衫，格子可以应用到多种素材中，如果是原色格子的大披肩，可以用开司米面料。小格子或格伦花呢的外套，与质量上乘的包和鞋子穿搭，就非常协调。

用logo巧妙穿出成人休闲

曾经公主（优雅）时尚——上衣+裙+靴流行时，东京·青山的「Boat House」、涩谷的「Sailo’s」等Logo训练服，Logo包等充斥着街头。虽然时代发生了巨大变化，就像长袖无领衫一样，带Logo的衣服现在也很有人气。如果搭配恰当，就会感受到清爽有朝气的独特风格。

照片是意大利「VENERTA」品牌的毛衫。很有运动气息，呈现的成人服装，没有刻意装扮年轻，却展示出年轻人的朝气蓬勃。粉丝有多件持有。

选择要点是：Logo不要印上去的，而是要编织的，编织的才有质感。但是，Logo选择要慎重。要当心品牌名和留言性强的Logo。品牌名Logo，如果时过境迁，会变成「令人怀念的时尚」。有时觉得帅气的英文的Logo，没想到竟是哪个国家的俚语，若不知不觉穿在身上，就会蒙受屈辱。

MICHIGAN

「花色」为白色的，是放松自然感的要点

虽然喜欢素色印花，但是对我来说有些过于朴素了。虽然喜欢鲜艳的彩色印花，但是各种花色在身上是不是很花哨呢……客观上喜欢的花色，穿在身上却没有自信，一直在想怎么穿的攻略。

手边最喜欢的花色，是20多年前一见钟情所买，如照片中的丝巾，即使现在也毫不嫌弃，一直珍爱。

花色服装，因为不符合自己，所以没有穿过，但是大爱这条丝巾的颜色和花色。

我想白底是要点。在多种颜色的花色中有彻底的放松感，非常好。到底白色百搭。

和白色衬衫相搭，可以展示清爽的女人味；和黑色穿搭，会增加端庄的女人味。

缠绕方法多种多样，休闲风的针织衫领边，如照片所示的卷法非常适合。

提升心情的花色元素，您有吗？

Story 3

鞋

通过脚下来创造现在

随着年龄的增长，和鞋子的战争也变成了严峻的攻防战。
脚的肌肉逐渐变弱，找到适合自己脚的鞋子，
就像寻找结婚对象一样困难。
看脚下，就会知道年龄、
鞋子是测量年龄的标杆。
高跟鞋在当下流行……
运动鞋啊、中性鞋当下流行……
考虑一下自己适合哪种鞋子的穿搭吧！
如果走路姿态朝气蓬勃的话，之后再考虑时尚吧。

如果邂逅非常合适的「轻便女鞋」，膝盖下最强武器

挑选何种轻便女鞋的难度不是很大吧。明明在店中穿的时候没问题，可是实际穿到外面，在硬硬的柏油路、台阶的上下，会很痛很痛，我想如此鞋子大家有很多吧。脚的形状千差万别，碰到非常合适又时尚的轻便女鞋，该是运气吧。照片中的鞋子，穿起来令人很有精神，是为了在讲演等场合露面而买的。虽说鞋跟高的鞋子逐年变得越来越不能穿了，但是唯有这双想留下。

No.27_ 轻便鞋

美腿

穿着如此轻便女鞋优美地行走，我看得十分入迷。还想象着：腿肚子经常会有肌肉，脚裸如果绷紧，膝盖一定会笔直地伸展吧。不过，走路姿势不雅的朋友做不到如此效果。在西餐厅、音乐会大厅的地毯上穿高跟鞋，很辛苦的朋友，回程换上舒服的鞋子吧。对膝盖以下没有自信的朋友，穿搭轻便女鞋，演绎着和半身裙完全不同的性感。

No.28_凉鞋 穿帆布鞋的夏天

优雅的夏天来自脚下，「凉鞋」和脚部护理是组合

平底的凉鞋固然不错，但是像这种坡跟的帆布便鞋，备有一双就会更方便。鞋跟会有一定高度，但是因为是坡跟，有缓冲性，穿着舒适柔软。选择脚裸处有带子的，走起路来会有「得得」的声音，由于脚跟稳定，可以大步行走。

不用说半身裙和牛仔裤，与七分裤和阔腿裤一样的短裤相搭也是绝对的潇洒。我的脚很热被称作「怕热脚」，一年的大半时间我都是赤脚。即使如此，也不可以懈怠，还是在脚上花费很多精力。即使年龄不断增加，如赤脚季节如夏天就是要赤脚穿凉鞋的，但是粗糙的脚底、干燥的脚后跟毫无魅力感。

如果怕花精力嫌麻烦，那么就没有资格赤脚！脚趾甲如果失去色泽，或是变色，就好好地涂指甲油吧。指甲油是重要的装饰。

No.29_ 运动鞋 推荐运动鞋

「运动鞋」用长筒袜穿搭

毫无运动细胞的我，在意识上及身体上都非常讨厌运动鞋，感觉不适合。

运动感的时尚越来越流行，如今运动鞋不仅流行而且朝经典化发展。正因如此，我也顺风而上。

照片上的运动鞋，是匡威的品牌，以前从没有穿过这运动鞋，让我的助手大吃一惊。50年以来的初次挑战。我想现在尝试还来得急。

现在，我积极地向大家推荐运动鞋！

这就是我的运动鞋穿搭方法！长筒袜会创造不错的效果！微微露出膝盖给人有精神的感觉，这种感觉不仅仅来自运动鞋。

备用基础色调的长筒袜，起到长靴的作用，极其方便。服装的话，用统一色系来穿搭。运动夹克或半身裙要选择同一面料，这样会更有成人味。

No.30_袜子 休闲白色短袜

品味休闲的秘诀是白而干净的「短袜」

今天走了好多路啊！在逛街购物的日子里，大家都穿什么样的鞋子啊？虽说舒服，但是如果穿着毫无时尚感的中年女便鞋，往往会失去优雅的感觉，满满地演绎着休闲风吧。我如上这样想着。

「运动鞋」「短靴」章节介绍的短袜，是穿出休闲感不可缺少的元素。最近，袜子店在各处出现。

在各种颜色、面料、款式中，如果让我选择的话，我选择百搭的白色短袜。也许有人会意外地说「白色袜从学生时代就开始了啊」，但是穿这种男式鞋时，白袜的效果极佳。如果与暗色的短袜相搭，就会有大叔的感觉，脚裸露出的白色制造了清清爽爽的效果。

白色短袜与裤子搭配比较好，如与今年流行的稍微长的紧身半身裙相搭，配上绑带鞋也很漂亮。时尚轻而易举，是不是可以大步流星了呢？

下装和「紧身裤」如果同色，美腿效果倍增

在路上经常看到穿黑色紧腿裤，配茶色轻便鞋的女生，这可能是最让人放心的穿搭颜色吧……非常遗憾。茶色的便鞋是展示长腿的元素，但是因为想让腿看上去细而穿黑色紧腿裤的这种想法还是不可取。穿黑色的紧身裤就要穿黑色的鞋子。因为下装和鞋子连接的区域有所提升是非常重要的。

下半身看上去很漂亮的关键是：统一感。照片中，您所看到的式样是下装（这里是连衣裙）、鞋子和相同颜色的紧身裤衔接，这样会给人以很正式、严谨的感觉。

紧腿裤由于丹尼尔数不同给人印象不同。如果是30丹尼尔薄型的话，接近于长筒袜可见穿着较性感；80～110丹尼尔的话，根本不透明看不到肌肤，即使腿比较胖也可以放心穿着。

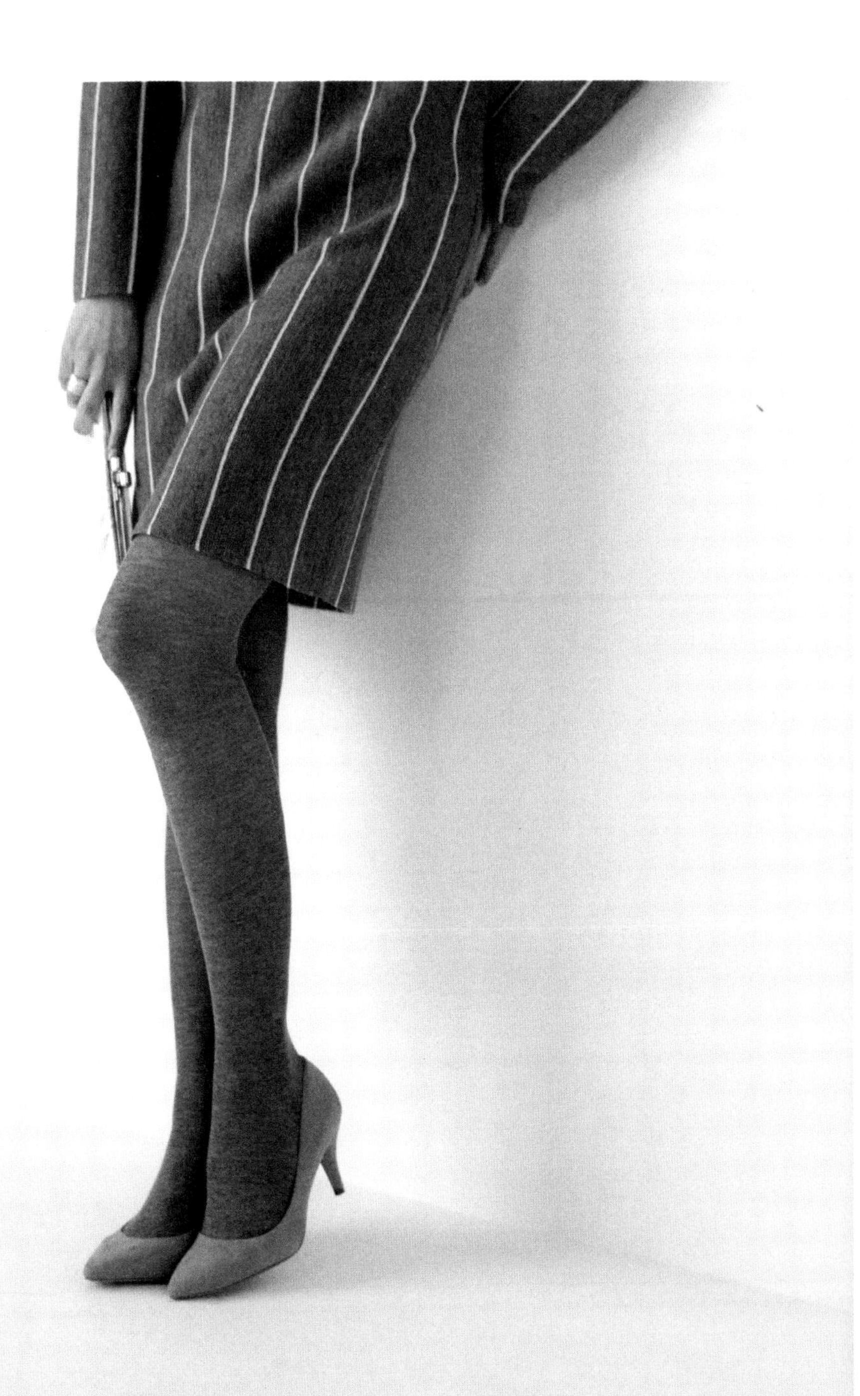

No.32_短靴　休闲感

短靴让人有踏实感

上了年纪，穿高跟短靴的人不多了，但穿平底短靴的女性大有人在。短靴有休闲的橡筋鞋、绑带靴，也有优雅的高跟裸靴。

随意的休闲风鞋子，上身穿着有装饰的或花纹图案的衣服，与喇叭短裙相搭，有很多朋友是这样穿的吧。时尚，整体的协调性很重要！「脚不舒服就选择舒服的鞋子吧」，提醒有如此想法的大妈们要注意鞋子和服装的搭配。

虽然款式不同，但是休闲短靴是主打，所以还是统一休闲风吧。

如果像照片中的绑带短靴为主打，那么试试7分裤穿搭。裤子短增加了短靴的存在感、宽松的裁剪可以遮盖体型，使人能够轻松行走。稍稍露出的肌肤（腿）放松感由然而生，不论何种年龄都会让人感觉很年轻。靴子搭配短袜和体型裤都可以，用鲜艳颜色来产生对比色也可以。

No.33_ 长靴　可爱的长靴裤

因为下装的关系没有红色「长靴」

在秋冬季，由于对自己的腿型没有自信心，长靴是我隐藏缺点的强有力伙伴。靴子的外形有些宽松度，套在腿上，基本遮盖了我的烦恼。多亏了长靴，秋冬的下装可以变得短些。

这张照片上和长靴相搭的是腿部宽松肥大的低裆裤，很有造型感、平衡感。

像这样有个性的造型，我还是第一次尝试。白色毛衫、膨胀感颜色的下装，如果膝盖下搭配有安定感的长靴，穿着却有意外瘦长的效果。您是不是这样看呢？

把裤子塞入靴中时，裤脚要塞入袜子中，裤子在袜子里不要皱皱巴巴，要拉直。在头脑中有这样的想法，「塞入袜子中好走路」，力求将裤脚塞入袜中。买长靴时，请买稍微宽松一点的。

Story 4

配饰

外形「调料品」有效利用

每日所有服饰配以时尚小饰物。
如果想要全部购置的话，
无论多少钱也是不够的。
并不是说没有小饰物就毫无修饰，有无小饰物要根据个人喜好，
即个人是否有配戴小饰物的习惯。
如果佩戴小饰物，那么请选择只有成人能带的饰品吧。
没有必要购置所有的小饰物。
中意的只要一个，每天佩戴就会很有个性。
小饰物能更好地彰显个性，女性更显成熟。

No.34_珍珠　优雅的珍珠

年龄越大越要选择适合自己品味的东东「珍珠」的魅力

女性越是上了年纪，在方方面面的保养上面越舍得花钱。美容化妆上的花费要比珠宝上的花费多的人，有很多吧。但是，看到平时就经常使用珠宝的前辈，就不由得认真地观察起来：非常靓丽，用比没用的效果绝对要好。

和服装不同，珠宝是要戴一生的。女儿和孙辈都可以继承。如此想，投资绝非浪费。

现在最喜欢的是珍珠。这么大的彩色珍珠，不是用在婚丧嫁娶的成人仪式上，而是大胆用于平时的便装搭配上。一边想着购买，一边辛勤地工作着。

只要一根（项链），就能洋溢优雅的气质。对女性来说，珍珠适合成人，不适合未成年人。40岁左右还早吧，等到白发出现时配带，也许会更有韵味。现在适合自己的东西越来越少了，如果到了50岁，还有能让我有「还早呢」的感觉的东西，实在太开心了。

No.35_金 白黄色

提升穿搭格调
「金银饰品」带来的成熟感

我穿休闲装时一定会佩戴首饰。比起带颜色的珠宝，我个人更喜欢金或银首饰。

对于连鞋子的装饰都想购置同样银制品的我来说，银无处不在。由于价格不菲，选择能历经岁月，多少有厚重感的吧。

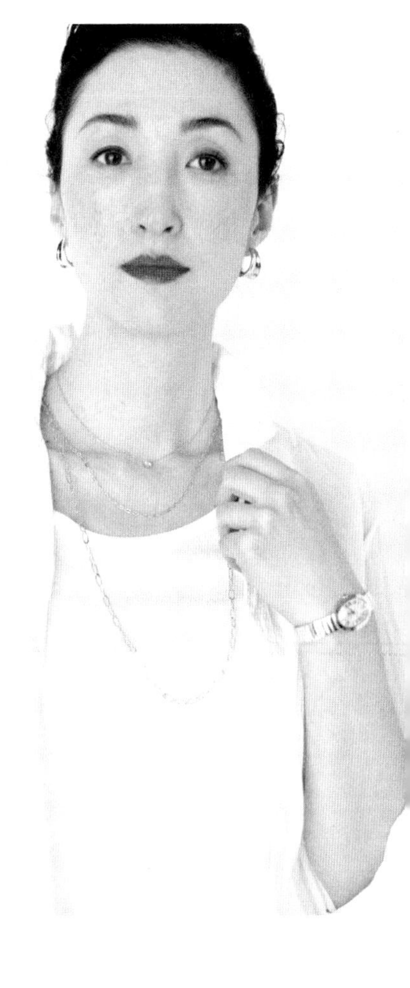

金银的珠宝首饰比较有厚重感，和平日的便装易于搭配，利用率较高。金有黄金和白金，最近还有人气的粉色金。

白金比铂金更绽放白色光芒，比银色更显富贵，映衬着黄种人的肤色，给人一种华丽之感。亚洲人的肌肤更适合配带黄金。

No.36_胸针 给人幻想

时尚达人开心游戏「胸针」

戴胸针的女性越来越少了。印象中戴胸针的都是上了年纪的女性，「胸针＝大妈」，这样想的人很多吧。

我给成年女性建议服装穿搭时，经常使用（胸针）。只要稍稍的搭配，就能显示出个性。50岁开始的时尚，绝对是我的推荐。

亮闪闪的胸针即使不擅长使用，也可以戴在简洁服装（胸前）上。尽管胸针很小却传达了很多信息。穿和服时，用来做和服要带上的别针，非常美丽，更表现出季节感。夹克衫和外套的衣领前处不用说，像围巾帽子这些不走样的地方，任何部位装饰都OK。花和鸟，月亮和星星，动物昆虫也好，组合成自己喜欢的主题，试着创作出只有自己才有的故事吧。

因为胸针有一定重量，所以请从小而轻的胸针试着开始（戴）。小的（别针）胸针，也推荐给男性。

No.37_ 眼镜　眼镜是你脸上的一部分

选择合适的眼镜要比提高化妆技术更重要

从 50 岁开始，眼镜成为必需品。就像以前有广告说「眼镜是脸的一部分」，眼镜是决定脸部印象的重要组成部分。并不是「因为仅仅看字的时候要用到它」，任何情况都可以，现在使用老花镜的人貌似很多，但是我认为如果真是适合自己的眼镜，一直带着比较好。

反正也是戴眼镜，以眼镜美人为目标吧。

因为用 10 年左右的跨度来看，眼镜还在流行，重要的是不要先入为主。一边要客观地倾听建议，一边寻找适合自己脸型、眉形及有时尚感的眼镜框架。因为（镜框）是否适合自己的年龄是一件很清楚的事，所以应该会毫无困难地找到适合自己的镜框。

顺便说一下，这个眼镜框架是纽约「LaLOOP」专卖店的品牌，摘戴（眼镜）都很方便，和简洁的服装相搭，就像项链一样起到装饰的作用，是很中意的一件东西。

正因为是每天使用的实用之物，所以我非常挑剔地选择它，很在乎其款式。

No.38_太阳镜 太阳镜是时尚的一部分

戴太阳镜，首先要让穿搭协调

遇到紫外线强烈的天气，大胆使用太阳镜吧！预防白内障，从50岁开始已经很晚了。不好意思是「习惯」问题，中年开始就让我们的眼睛开始习惯吧。职业性原因要抱着很多东西走路的我，是不能撑伞的，眼镜因此成了必需品。一年中，除了下雨，我都把眼镜放在包里，随身携带。

照片中的太阳镜是「EYEVAN7285」的品牌，是巴黎时尚爱好者热衷的品牌，很喜欢鼻梁处有日本品牌风格的的处理。

选择穿搭和选择眼镜相同要点很多，但是要比眼镜更有时代感，所以要注意。有流行倾向当然好，但该如何寻找适合自己的（太阳镜），最好听取专业人士的建议，然后去有信赖感并感觉不错的眼镜店购买。

如果有喜欢的款式，试着想想太阳镜主要的搭配作用。照片中是强化男性化的造型。因为是整体的效果，所以不用担心太阳镜会变得突出。一定要养成戴太阳眼镜的习惯。

No.39_帽子 只是尝试

用时尚「帽子」隐藏头发的烦恼一举两得

以怕搞乱发型为理由不戴帽子的人虽然很多，但是给我们增加成人感的除了帽子没有其他时尚饰物了。即便服装简洁，只要戴上帽子，看上去就会非常时尚，实在不可思议。

如果还不好意思戴帽子，是不是和戴太阳镜一样，还没有习惯呢？尽可能地把帽子放在玄关，出门时戴上，直至习惯。

到了50岁，头发的烦恼蜂拥而至，用帽子来掩饰头发最合适不过。戴上试试看，会笑着说「不适合，不适合」，可是你会忽然感觉也许很不错。不要忘记在镜子前检查一下全身的造型。

照片中的帽子，是作为盛夏应对紫外线时买的，毫无装饰的简洁设计，我很喜欢。不用费心穿搭服装，而且可以随意折叠塞进包里。有了它，在紫外线强的白天可以时髦地戴上，太阳落山时可以放进包里。习惯戴帽子的朋友，购买时如能考虑到帽子使用的难易程度，时尚会变得更充满智慧。

No. 40_围巾 退色的围巾

久未出场的丝绸「方巾」用洗衣机洗，运用自如

丝绸的方巾，好流行的哦。如果去巴黎爱马仕品牌店，一边欢呼雀跃&激动不已，一边选择，可是回到日本发现：这种丝巾颜色亮丽、色差对比强烈，有着硬挺的丝绸斜纹织风格，与现有的服装难以融合，其结果就是久束高阁。如此可怜的方巾，大家的衣柜里有吗？

「游刃有余，随意」为主流的时下，考虑着怎样才能巧妙地使用方巾，有一种「再柔软一些就好了」的感觉。

于是，果断用洗衣机「哗啦哗啦」试着洗起来。没想到，硬邦邦的方巾获得「重生」，面料变得柔软服帖，有贴合肌肤之感。虽然留有天然的褶皱，但是更显古典的质感，无需熨斗熨烫。

原本想着是否把它扔掉，但却死马当活马医，效果不错！大家也一定试试吧。

No.41_项链 底调

用缠绕方法来增加变化成人的「围巾&披肩」

围巾，多为绕一圈打结使用，有时候时间稍长的话打的结会松开。解决秘诀是：在前面打结时，先穿过绕圈的一根然后打结，就不会松开了。打的结不松也不紧，还可以调节。顺便说一下，商标

标签一定要拿掉。那是起宣传目的的商标或是洗涤标志。

一年中，薄薄的披肩，用的时间最长，寒冷季节用于防寒，在室内开空调的盛夏，可以用来调节体温。既使觉得有点朴素的穿搭，只要披肩有色彩，就会变得华丽起来。

作为搭配，对襟毛衣和夹克衫等外面服装的长度很重要。过长和过短，就用围巾的缠绕方法来调整吧。大体积的开司米或羊毛围巾，披在身上固然很漂亮，但是如果体积过大，在脖子处卷折是不适合的。

围巾和披肩的选择不仅要看是否漂亮，和什么衣服搭，想如何来缠绕，还要有这样的预判，这是最重要的。

No.42_包　这个包！

不要金属和垂吊物，选择设计简洁的「包包」

大多数女性对奢华的名牌包都非常向往。我也一样，每每看到香奈儿、LV，都会跃跃欲试，一直憧憬着平日能使用。有品牌力量的时尚虽然非常有魅力，但是高级品也会过时也是不争的事实。想拥有的毕竟还是「能用」的包包。

照片中的包包，是没有金属和Logo的简洁设计，虽然不时髦，但我却喜欢它淡淡的颜色。选择温和的浅灰色，如果和明亮色调的衣服相搭配非常和谐；如果和暗色调的衣服相搭有放松之感。黑色、茶色的包包会有沉重之感。如果是如照片中的包包，全身会显轻松。要是统一成单一色调的话，还不如选择看上去年轻有新鲜感的颜色。

另外，我选择「能用」的包包的要点是：不要金属和乱七八糟的装饰和垂吊物，不要品牌标志显眼的。可是，大多数人登场最多的往往是带这些东西的包包。如果包包不带金属的的话，外出时首饰和包包金属的颜色搭配乱七八糟，发现后非常慌乱等情况就不会发生了。

No.43_夏季包　夏天漂亮的“筐包”

夏天用漂亮的「筐包」并不过于休闲

夏天，服装变轻巧，赤脚穿鞋子。因为令人舒服的季节，棉麻装饰搭皮包的组合会让人有太沉重的感觉。

说到轻素材的包，当属筐包！夏装已经不是一种颜色的时代了，筐包过于休闲，就选择适合的款式吧。此时邂逅的是：最近精品店在卖的「MUUN」包。编织很密实，里面带黑色厚的内衬不会被看见，上面有蝴蝶结风格的打结，可以起到遮挡作用。

看起来很休闲，但是作为工作包包绝对没问题，非常适合初夏的气氛。

这种手提包，一般一个季节就会绽线变形，可是这个包包，用了3年还没有变形。貌似还能继续使用，非常好！

No.44_手套　高贵的皮革手套

长手套使外套（袖口处）时尚考究

有很多漂亮款式的开司米或羊毛的手套，但是皮手套才是成人世界时尚的重要元素。在皮革那一章里已经讲过，皮革这种面料有提升穿搭品味和增强效果的作用。

在穿大衣外套的季节，手套非常有用。

外套的款式虽然在与时俱进，就像照片中喇叭袖的外套，和流行无关，更显成人品味，因此推荐给大家。从袖口就可看出，只有与长手套搭配，才显潇洒。

不仅起到保暖的作用，而且还能提升穿搭效果，这些正是冬天的小帮手（饰物）？

即使非常喜欢而买了长手套，但我总是会弄丢一只（手套），为什么呢？每次都在包包上挂着手套，可是当我用时，总是搞丢，好痛苦的经验。朋友们请注意！

Story 5

场合

只有在时间地点场合上发挥实力才是成人感的时尚

时尚是给我们提升心情的工具。
但是，成人女性，满足于自我感觉良好、自我放纵的时尚，有时候行不通。
分清时间、地点、场合的同时，如果能适度优雅，还能装扮得很有个性，这样的成人时尚才合格。
认真检查一下衣橱里的服装，
款式不够的话，趁着现在补充吧。
作为成人的嗜好。

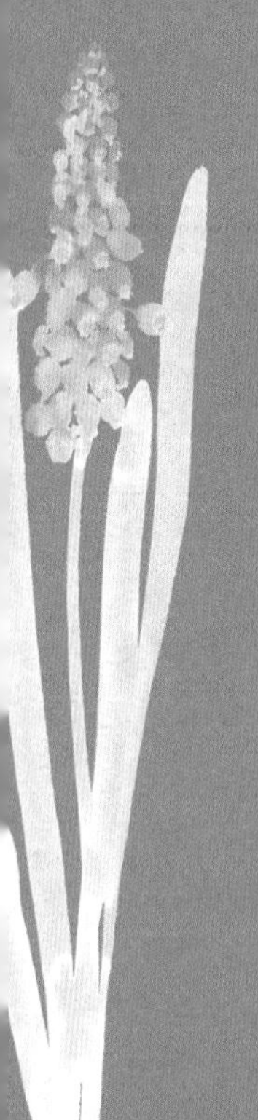

No.45_ 聚会　一件简单的黑色连衣裙

为了享受聚会
非常喜欢一件黑色（服装）

接受邀请之后就开始慌慌张张地寻找（服装），也只有那一日紧张起来了吧。作为成人的优雅应该有宽松的时间来准备吧。

应急用的连衣裙，适应所有季节是最重要的。只要有黑色等

接近于黑色的颜色，就可以用小饰物来增加变化。千万不能无袖，绝对不可以。那是因为暴露的胳膊与短小衣服穿搭的话，就会变成休闲风了。长袖即使是透明的，盛夏也不会炎热。大小尺寸的话，以穿着舒适为准。如果能找到稍微宽松的服装的话，即使稍微胖一些看上去也很漂亮。

冬天，因为连衣裙很难选择，但并不一定要和羽绒服穿搭，以所有季节都使用为原则，考虑一下和大衣穿搭吧。照片上的大衣，无领无纽扣的简洁款式。有10年以上的「MaxMara」品牌，是百搭的万能服装。戴在身上的（首饰）只要有自信，就可以很有风度地参加宴会了。无论何种场合，我想只要用心总会装扮出有自己个性的穿着。

No.46_雨天　雨中吹唱

只要有全套防御装备，即使「雨天」也时尚，元气满满

下雨也好，下刀子也好，造型师必须外出，在各处收集衣服。雨天的成人最好要「全面时尚装备」。易于行走的长靴，能很好隐藏长袖口的外套，还有折叠伞，是我的必备。

防雨外套和雨伞是HANWAY品牌的雨具，15年以来一直非常喜欢使用。一般即使撑着伞也会淋湿露出的衣服，但是膝盖上有防雨外套的话（即使仅仅露出那么一点点），雨水对衣服就完全没有影响。长靴是户外用品「AIGLE」的品牌。最近时尚的长靴在流行，如果既有长皮靴的感觉，又便于行走的话，请一定准备一双。乘电车时，长柄伞很碍事，我喜欢折叠伞。淋湿的折叠伞折叠后放入专用袋，可以收起来。包包也是防雨的结实面料，能很好地收纳稍长的东西，非常喜欢。只要有如此全面的装备，无论多么恶劣的天气都会保持淡定。在阴郁的雨天，只要时尚、舒适，就能笑脸依旧。「总是元气满满啊」，这样被人说，心情也会晴空万里呢。

控制「开放感」，成人的「休闲胜地」连衣裙

去南方小岛！即使不去，在避暑圣地度过一段时间也可以身心放松。虽然想着穿随意、轻松自如的服装，但是也想最好是随意中带一份优雅的服装。重要的是自身要有时尚的意识，考虑到要穿与环境适宜的服装非常重要。

要点是：不论穿的多么凉快，要让人看到的是整齐穿着的女性。轻柔的长连衣裙，作为盛夏的必备经典，是无可挑剔的。即使不在休闲胜地，在酷暑的盛夏，也要确保时尚。适合肌肤的棉面料，使身体在任何时间都无束缚感，有着舒适的造型，极有魅力。如果能很好地控制肌肤的裸露部位，会更显优雅。在「脚面长裙」一章已提及，成人露出的肌肤是全身的 2%～3%。如果露出胳膊，那么就要隐藏腿，让我们尝试一下成人的平衡和和谐。

在休闲胜地，带着休闲风的首饰，呈现一种独特的韵味。用外形有膨胀感的手镯装饰，感觉会有更好的优雅呈现。

No.48_小范围 真正的日常风格

仅仅在「小范围内」，宽松中别有味道

穿随意的服装，在休息日散步或是晚饭后外出去超市购物，想着就在附近走走，不会遇到谁……脚步匆匆的你。不能因为仅仅在小范围内出行，而穿着不完美、不时尚，因为衣服，是个人生活的反应。不然，看到如此女生，想想都不寒而栗。

好了，就在动感运动服装非常流行的当下，考虑一下能见人的运动吸汗裤及针织衫。新的面料，挑战没有穿过的颜色，变成小范围活动的服装吧，一定会有款式好、感觉轻松的服装。

照片中是质感上乘的吸汗防寒面料的裤子和针织面料的上衣，与休闲设计的连帽衫搭配。宽松中显出修长造型，更显随意休闲。

并不是在特定的小范围内的穿搭系列，仅仅就是日常便装。把现在穿着的服装一一变成优雅吧！

专栏

你的风格

提升时尚品味 注重修饰

时尚需要精神和努力。

另外，有健康的身体和心理才有可能实现。

头发呢？皮肤呢？指甲呢？

身上的香味会不会太重？

下装有没有透明？

成人会在细节处花费精力，

可是，巧妙地符合年龄才最重要。

需要不断地磨合，

无论什么样的服装都要穿出非常优雅的自己吗！

1 头发和化妆

2 香水

3 手和指甲

4 如何永恒

目标！成为美丽女人应找到好的理发店和美容院

皮肤的皱折、斑、暗沉等，你可能已经直面肌肤的烦恼了。过了45岁，还有白发和头发稀疏的烦恼。只烦恼粉刺的年龄，是多么地幸福啊！

常言说：「一头发、二化妆、三衣装。」对女性来说，时装虽然很重要，但是即使穿着流行的衣服，拿着高级包包，发型和化妆一塌糊涂的话，所有都会一团糟。整体平衡才最重要。

为了漂亮而努力，生活方式虽有多种多样，但是我向大家推荐的是「寻找好的理发店、美容院」。在美容院，可以得到任何咨询及真诚建议，真的是主治医生。只要交通方便、价格合理，就会很放心。自己看不见的头顶和后背造型会如何处理，还有化妆是否适合，都会得到客观的意见吧。

另外，需要自我保养的积累。虽然花时间精力，但是只要做就一定会有结果。从养成习惯开始吧！

专栏 1

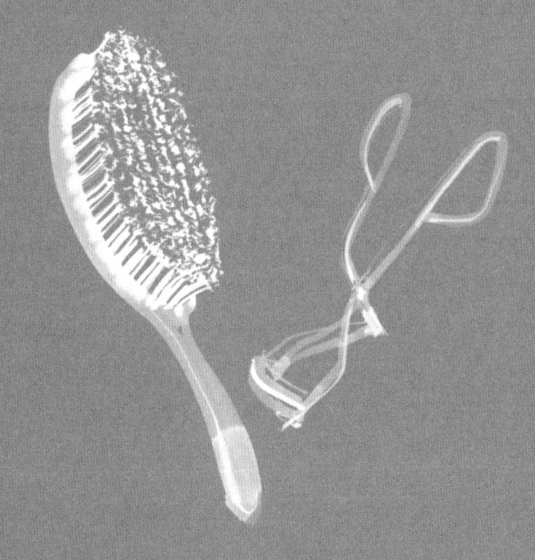

头发和化妆

如果邂逅适合的香味能表现服装以外的个性

体带香味，是很多女性所向往的。我对香水产生兴趣是在30岁的时候。受海外杂志广告页的影响，买来试试，最后梳妆台里都是香水瓶子了。但是还是没有遇到合适的，最后我的香水热情终告结束。

过了40岁，正好有个契机得到ISSEY男用香水，虽然是男性用香水，但很柔和，每当打开盖子，清新的味道柔柔地飘散着悠长余韵，令我陶醉。终于养成了每天 用香水的习惯。现在，我换了ISSEY女用香水，直至现在我还在反复使用。香味，反应了使用者的生活方式和心情。喜好、品味也会随着不同生活阶段而改变吧。多年一直使用喜爱的香水也是个性的表现，几年更换一次香水的品牌也是形象改变的表现。偶尔如果能表现出自己的个性，也许更能表现出服装以外的自己。

最后，以下是从巴黎香水店得到的启示：「选香水的时候，如果试用三种以上的话，鼻子就闻不到了哦！」请大家一定谨记。

专栏 2

香水

双手述说着年龄
养成每天开心
保养的习惯

和脸同样速度的衰退，手也上了年纪，即使很在乎皮肤护理，草率马虎进行手部护理的人也大有人在。正是因为残酷用手，所以请保养。

我从40岁开始，每月一次会到指甲店做手和脚的保养。虽然每月都修剪指甲，但是因为家务和工作指甲油眨眼之间就会剥落，所以在睡前都会涂亮甲油和油，或是护手霜等，虽说花去相当的精力，但是我养成了习惯。

因为茶道等，有时要穿和服，平时就涂自然的肉色系，想情绪高涨或是去休闲地时，有时也会把短短的指甲涂上大红的指甲油。即使是同样的红色，如果在夏天，我喜欢像太阳的红色，冬天的话，喜欢时髦的素雅的红。手部护理也好，指甲护理也好，享受很重要。

能长时间确保一定厚度和光泽的新型指甲片虽然很有人气，但是我个人不赞成剪掉自然健康的指甲。我想守护健康而美丽的手！

专栏 3

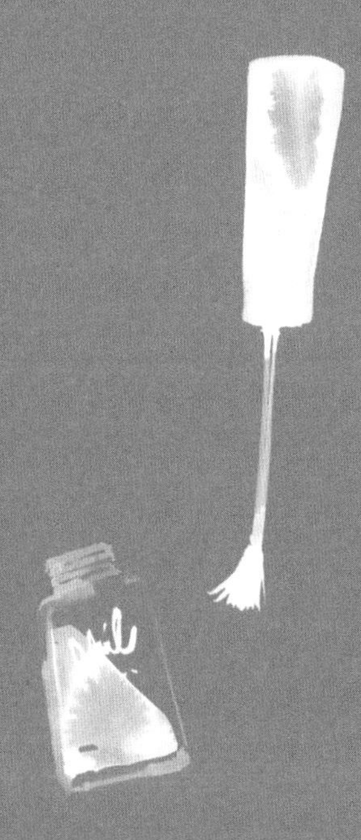

手和指甲

如果想漂亮着装请忘记多彩&华丽的内衣

带有多彩漂亮装饰的女内衣虽然很漂亮，但是作为造型师最终结论的是「内衣大多为米色」。而且，不需要装饰的简洁款，没有接缝的为最好。原本的话，休闲还是贴身，内衣即使变换也不为过，内衣是漂亮着装的重要影响要素。

为了漂亮着装，基础要素很重要，考虑到上了年纪，体型发生了变化，首先要「以调整体型为目的来选择内衣」。自己的身体哪里应该如何调整，拿出勇气，面对镜子瞧瞧吧。

另外，随着年龄的增长，皮肤变得敏感，有时胸罩的面料和钢圈，还有防滑的硅胶会带来不舒服感。如果这样，不要勉强，去寻找适合自己皮肤的舒服面料吧。虽然说型号变大了，不要想着变成年轻时那样苗条，而是接受变化才很重要。

体型也是个性。乐观地向前，一起时尚吧！

专栏　4

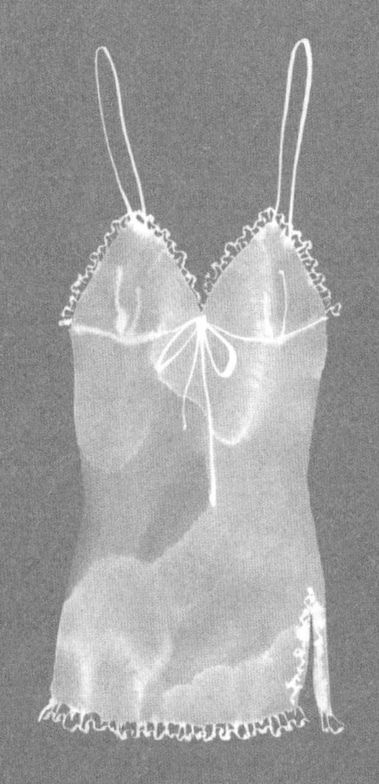

如何为身体减龄

结束语

感谢您的阅读。

因为时尚是个人的兴趣世界所在，
我想也许有不能帮助到您之处。
时尚的基本是
开心、健康、优雅地活着。

年轻时的时尚和随着年龄增长时的时尚，
其意义已发生变化。

那是因为有了成长的经验，
交学费了，大不一样了！

虽说有尝试新事物的想法，
但是不想推荐大家不断地购买。
与我同龄的 50 岁左右的朋友，
我们已经到了不断舍弃的年纪。

适合的严格筛选，
不断提升每天的心情，
如果能给您启示，我会非常高兴。

对于以提升优雅为目标的女性朋友，
如果本书能给您以帮助，不胜荣幸。

2015 年 3 月　岡部久仁子

赞助商

アンソニーレッド
tel 03-5414-3101

カシラ ショールーム
《カシラ》
tel 03-5775-3433

ガルボ
tel 03-6229-1663

キジマ タカユキ
tel 03-3770-2174

ストックマン
《オットダム、
ヨーロピアン クルトゥーラ、
フリーランス》
tel 03-3796-6851

ドゥミルアンドコー
《ドゥ ミル アンズ》
tel 06-6252-7536

ハンウェイ六本木ヒルズ店
《ハンウェイ》
tel 03-5786-9600

ファイブフォックス
カスタマーサービス
《バジーレ２８》
0120-114563

マーコート
《ミズイロインド》
tel 03-6421-4401

ルポ ジャパン
《ルポ》
tel 03-5625-3122

レキップ
tel 03-6861-7698

衣服

pg.15 パンツ/バジーレ28
pg.17 パンツ/バジーレ28
pg.19 ニットキャップ/キジマ タカユキ
pg.21 ニット/オットダム ペンダント/ガルボ
pg.25 ペンダント/ガルボ
pg.29 スカート/ミズイロインド ペンダント/ガルボ
pg.33 ハット/カシラ ピアス/ガルボ
pg.35 ハット/カシラ
pg.45 コート/ミズイロインド
pg.47 ピアス/アンソニーレッド
pg.51 ハット/カシラ
pg.53 ファースヌード/レキップ コート/オットダム
pg.55 ピアス/アンソニーレッド
pg.57 ニット/ミズイロインド ブーツ/フリーランス
pg.59 バッグ/ルポ
pg.63 カットソー/オットダム
pg.71 ブルゾン/レキップ スカート/バジーレ２８
pg.75 ワンピース/ドゥ ミル アンズ
pg.77 ニット/ミズイロインド パンツ/ドゥ ミル アンズ
pg.79 ニット/レキップ パンツ/ミズイロインド
pg.83 ネックレス/ガルボ
pg.84 チェーンネックレス長、
チェーンネックレス短/ともにガルボ
pg.85 ピアス、チェーンネックレス長、
チェーンネックレス短/全てガルボ
pg.87 ハット/キジマ タカユキ
pg.89 ブラウス/オットダム
pg.92 ハット/キジマ タカユキ
ワンピース/ヨーロピアン クルトゥーラ
pg.95 デニム/ミズイロ インド ピアス/ガルボ
pg.96 コート/ドゥ ミル アンズ ピアス/ガルボ
pg.97 ピアス/ガルボ
pg.99 バッグ/レキップ コート/ドゥ ミル アンズ
pg.101 ブラウス，パンツ/ともにオットダム
pg.103 ピアス/アンソニーレッド
pg.106 パールペンダント/
107 アンソニーレッド
pg.109 傘/ハンウェイ
pg.111 ハット/キジマ タカユキ
pg.113 パーカー/ドゥ ミル アンズ
ニットキャップ/キジマ タカユキ

※その他は著者の私物

岡部久仁子 おかべ くにこ

毕业于日本文化学圆大学，大专。1987 年开始自由职业生涯，涉及杂志信息员、演员、主持人。发掘成人女性在自然造型方面已有成就，另外，涉及脱口秀、时装讲师各个领域，并著有《成人造型时尚书》《巧搭色时尚书》《成人时装教科书》《成人优雅必备服装的穿搭课》等著作。

图书在版编目（C I P）数据

时尚搭配的48个细节 ：日本人气时尚造型师教你百变穿搭 /（日）岡部久仁子著 ；李鹏译 . -- 上海 : 东华大学出版社 , 2018. 1

ISBN 978-7-5669-1311-1

Ⅰ . ①时… Ⅱ . ①岡… ②李… Ⅲ . ①女性一服饰美学一通俗读物 Ⅳ . ① TS941. 11-49

中国版本图书馆 CIP 数据核字 (2017) 第 275425 号

责任编辑：竺海娟
版式设计：赵 燕
设 计：弘中克典 澤田翔 引田大
Hironaka Katsunori,Sawada Sho,Hikita Dai
（有限会社エイチ・デイー・オー）H.D.O.
插 图：绪方環 Ogata TamaRi
摄 影：中岛繁树 Nakashima Shigeki
模 特：Anne
美 发：坂田等 Sakaguchi Hitoshi
采访文章：根本ゆみ Nemoto Yumi
原书编辑：包山奈保美（KADOKAWA） Hoyama Naomi

时尚搭配的 48 个细节——日本人气时尚造型师教你百变穿搭
Shi Shang Da Pei De 48 Ge Xi Jie

著者：（日）岡部久仁子
译者：李鹏
出版：东华大学出版社
（上海延安西路 1882 号 邮编：200051）
天猫旗舰店：http://dhdx.tmall.com
营销中心：021-62193056 62373056 62379558
印刷：上海盛通时代印刷有限公司
开本：890mm×1240mm 1/32
印张：4
字数：300 千字
版次：2018 年 1 月 1 日
印次：2018 年 1 月第 1 次印刷
书号：ISBN 978-7-5669-1311-1
定价：32.00 元